Ernst Probst

Das Gravettien

Eine Kulturstufe der Altsteinzeit
vor etwa 35.000 bis 24.000 Jahren

Titelbild:
Fragmentarisch erhaltene Frauenfigur
aus Kalkstein vom Linsenberg in Mainz
(„Venus vom Linsenberg").
Höhe 3,6 Zentimeter, Breite 3 Zentimeter,
Dicke 1,8 Zentimeter,
Alter etwa 25.000 Jahre.
Foto: Landesmuseum Mainz

Impressum:
Das Gravettien
2. Auflage als Print-Buch: März 2021
Autor: Ernst Probst
Im See 11, 55246 Mainz-Kostheim
Telefon: 06134/21152
E-Mail: ernst.probst (at) gmx.de
Herstellung: Amazon Distribution GmbH, Leipzig
Alle Rechte vorbehalten
ISBN: 979-8-729-67131-1

Köpfchen der „Venus von Brassempouy" aus dem Gravettien.
Das aus Mammutelfenbein geschnitzte, 3,5 Zentimeter
hohe Kunstwerk wurde 1894 zusammen mit acht anderen Statuetten
in der Höhle „Grotte du Pape" bei Brassempouy
im französischen Département Landes gefunden.
Original im „National Archaeological Museum"
in Saint-Germain en Laye (Frankreich).
Foto: Jean-Gilles Berizzi (via Wikimedia Commons),
Lizenz: gemeinfrei (Publiikc domain)

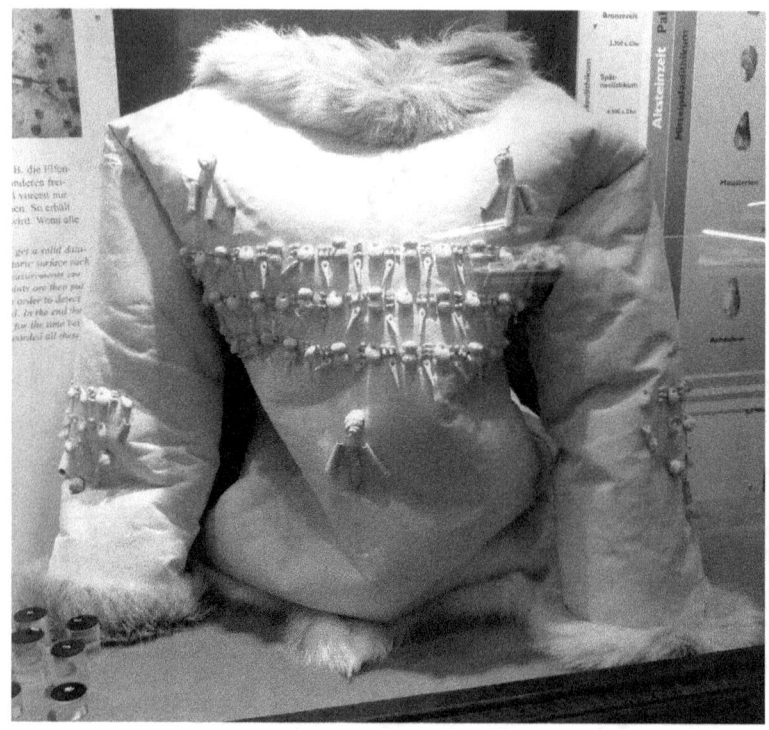

*Rekonstruktion einer reich verzierten Jacke aus dem Gravettien
im „Naturhistorischen Museum Wien". Sie ist mit Schmuckstücken
verschönert, wie sie 1995 an einem Lagerplatz von Grub/Kranawetberg
in Niederösterreich gefunden wurden.*
*Foto: Wolfgang Sauber / CC-BY-SA4.0 (via Wikimedia Commons),
lizensiert unter Creative-Commons-Lizenz by-sa-4.0.de,
https://creativecommons.org/licenses/by-sa/4.0/legalcode*

Vorwort

Eine Kulturstufe der Altsteinzeit, die vor etwa 35.000 bis 24.000 Jahren von Spanien bis nach Sibirien verbreitet war, steht im Mittelpunkt des Taschenbuches „Das Gravettien". Zelte, Hütten, Halbhöhlen und Höhlen dienten den Gravettien-Leuten als Unterkünfte. Die damaligen Jäger haben vor allem Mammute, Rentiere und Wildpferde mit Wurfspeeren erlegt. Sie trugen verzierte Pelzmützen, lederne Jacken, Hosen und Schuhe wie Indianer. Ihre Schmuckstücke bestanden aus Schneckengehäusen, Tierknochen und -zähnen sowie Mammutelfenbein. Rätsel geben ihre „Venusfiguren" auf, die nackte und füllige Frauen darstellen. Zu den bekanntesten dieser Kunstwerke gehören die „Venus vom Linsenberg" aus Mainz in Deutschland und die „Venus von Willendorf" in Österreich. Vielleicht waren die „Venusfiguren" Teil eines Fruchtbarkeitskultes oder bewegliche Heiligtümer. Man weiß jedoch nicht, wie man mit ihnen umging und was man in ihnen erblickte.

Die englische Prähistorikerin Dorothy Garrod (1892–1968)
schlug 1938 den Begriff Gravettien
für eine Kulturstufe der jüngeren Altsteinzeit vor.
Foto: Newnham College, Cambridge, um 1905
(via Wikimedia Commons),
Lizenz: gemeinfrei (Public domain)

Das Gravettien

In den Jahrtausenden vor der maximalen Ausbreitung der skandinavischen Gletscher wanderten in Deutschland Menschen ein, deren Kulturstufe als Gravettien bezeichnet wird. Das Gravettien war vor etwa 35.000 bis 24.000 Jahren auch in Spanien, Frankreich, Belgien, England, Italien, Österreich, Tschechien, Polen, Ungarn, Rumänien, Bulgarien, Moldawien, in der Ukraine, Russland und sogar Sibirien vertreten. Es verschwand in Deutschland vor dem Höchststand der Gletscher, der etwa vor 21.000 Jahren erreicht wurde. In Osteuropa behauptete es sich dagegen als Spätgravettien weiter.

Der Begriff Gravettien wurde 1938 von der englischen Prähistorikerin Dorothy Garrod (1892–1968) in Cambridge geprägt. Namengebender Fundort ist die Halbhöhle La Gravette bei Bayac im französischen Département Dordogne. Als Sonderformen des Gravettien gelten das obere Périgordien im südwestlichen Frankreich, das Pavlovien in Tschechien und das Kostenkien in Russland. Als Leitformen gelten rückengestumpfte Klingen, Gravette-Spitzen, Kerbspitzen, Stichel, Handnegative und Frauenstatuetten („Venusfiguren").

Das obere Périgordien ist nach dem französischen Fundgebiet Périgord benannt. Der Begriff Périgordien wurde 1935 durch den französischen Lehrer und Prähstoriker Denis Peyrony (1869–1954) aus Les Eyzies eingeführt.

Das Pavlovien wird nach dem Fundort Pavlov (deutsch: Pollau) in Südmähren (Tschechien) bezeichnet. Diesen Namen prägte 1959 der Pariser Prähistoriker Henri Delporte (1920–2002). Delporte war von 1965 bis 1976 Direktor der

Der Wiener Prähistoriker Josef Bayer (1882–1931),
einer der Pioniere bei der Erforschung der Altsteinzeit in Österreich,
prägte 1928 den Begriff Aggsbachien.
Foto: Naturhistorisches Museum Wien

„Antiquités préhistoriques" der Auvergne und des Limousin, ab 1966 Konservator und ab 1984 Direktor des „Musée des antiquités nationales" in Saint-Germain-en-Laye und von 1985 bis 1987 „Inspecteur général" der Museen Frankreichs. Der Ausdruck Kostenkien beruht auf dem 1879 durch den russischen Zoologen und Paläontologen Ivan Semenovic Poljakow (1845–1878) entdeckten Fundort Kostenki I bei Woronesch in Russland. Danach hat man weitere Stationen ausgegraben und einem Teil davon den Namen russischer Archäologen gegeben. Den Begriff Kostenkien schlug Petr Petrovic Efimenko (1884–1969) aus Kiew (Ukraine) vor, der von 1923 bis 1926 an der Fundstelle Kostenki I (Poljakov-Station) grub.

Der nach dem Fundort Aggsbach an der Donau in Niederösterreich entlehnte Begriff Aggsbachien konnte sich nicht durchsetzen. Der Name Aggsbachien war 1928 von dem Wiener Prähistoriker Josef Bayer (1882–1931), einem der Pioniere bei der Erforschung der Altsteinzeit in Österreich, vorgeschlagen worden.

Vulkankegel spielten während des Gravettien in der Eifel als Standorte für altsteinzeitliche Siedlungen offenbar keine Rolle mehr. Nur auf dem 225 Meter hohen Plaidter Hummerich bei Plaidt (Kreis Mayen-Koblenz) in Rheinland-Pfalz hat man eine Feuerstelle und wenige Steingeräte mit einem Alter von etwa 27.000 Jahren gefunden. Der Vulkanismus in der Eifel ruhte im Gravettien weitgehend. An Ausbrüche aus anderer Zeit erinnern noch heute vulkanische Auswurfprodukte in mehr als hundert Kilometer Entfernung, beispielsweise im Mainzer Becken.

Im Gravettien erstreckten sich im Vorfeld der Gletscher weithin baumlose Steppen. In dieser mit Gras und Kräutern

Lebensbild eines Höhlenlöwen
(Panthera leo spelaea).
Zeichnung: Shuhei Tamura, Kanagawa, Japan

bewachsenen Landschaft weideten vor allem kältegewohnte Mammute, Fellnashörner, Moschusochsen und Rentiere. An Raubtieren gab es Höhlenlöwen, Höhlenbären und Höhlenhyänen.

Die männlichen Gravettien-Leute erreichten teilweise bereits eine beachtliche Größe. So war beispielsweise ein Mann aus Pavlov in Tschechien 1,85 Meter groß. Die Frauen maßen selten mehr als 1,60 Meter. Komplette Skelette entdeckte man vor allem in Tschechien, wo allein am Fundort Predmost bei Prerov in Mähren 20 vollständige Bestattungen entdeckt wurden. In Dolni Vestonice II in Mähren barg man 1986 ein Dreifachgrab, in dem man drei junge Männer nebeneinander beerdigt hatte. Wie anthropologische Funde von Dolni Vestonice I erhielten auch die Neufunde von Dolni Vestonice II eine fortlaufende Nummerierung. In diesem Fall: DV 13 (links), DV 14 (rechts) und DV 15 (Mitte). Die drei jungen Männer im von maximal 20 bis 25 Jahren waren mindestens 1,68 (DV 13), 1,79 (DV 14) und 1,59 Meter (DV 15) groß. Einer von ihnen (DV 13) hatte eine tödliche Stichverletzung durch einen Speer erlitten, ein anderer (DV 14) eine tödliche Schlagverletzung durch einen stumpfen Gegenstand. DV 14 lag auf dem Bauch. Zwischen den Kiefern von DV 15 befand sich eine Pferderippenstück, das als Beißholz zur Schmerzlinderung gedeutet wird. Die Schädel der drei Verstorbenen hat man mit einem Gemisch aus Lehm und Rötel bedeckt. Bei DV 15 war auch der Schoß mit Rötel bestreut.

In Deutschland hat man bisher kein einziges vollständiges Skelett eines Menschen aus dem Gravettien gefunden. Im Buch „Deutschland in der Steinzeit" (1991) von Ernst Probst wurden menschliche Schädelreste von Sande bei Paderborn in Nordrhein-Westfalen sowie von Binshof bei Speyer in Rheinland-

Brillenhöhle bei Blaubeuren-Weiler in Baden-Württemberg.
Foto: Thilo Parg / CC-BY-SA3.0 (via Wikimedia Commons),
lizensiert unter Creative-Commons-Lizenz by-sa-3.0,
https://creativecommons.org/licenses/by-sa/3.0/legalcode

Pfalz als Funde aus dem Gravettien erwähnt. Doch danach kamen starke Zweifel an den durch den Frankfurter Anthropologen Reiner Protsch vorgenommenen Altersdatierungen von 27.000 Jahren für den Fund aus Sande und von 22.000 Jahren für denjenigen aus Binshof auf. Die „Frankfurter Allgemeine Zeitung" berichtete später, der Fund von Sande bei Paderborn stamme aus der Zeit um 1.750 n. Chr. und derjenige aus Binshof bei Speyer um 1.300 v. Chr.

Ein rechter oberer Backenzahn eines Menschen kam 1989 bei Ausgrabungen in der Geißenklösterlehöhle bei Blaubeuren-Weiler in einer Gravettien-Schicht zum Vorschein. Sollten die zwischen 20.000 und 30.000 Jahre alten Zähne aus der Sirgensteinhöhle bei Blaubeuren-Weiler in Baden-Württemberg nicht mehr ins ausgehende Aurignacien gehören, dann dürften auch sie aus dem Gravettien stammen.

Die Gravettien-Leute haben in Deutschland in etlichen Höhlen Spuren ihrer Anwesenheit hinterlassen. In Baden-Württemberg hielten sie sich unter anderem im Eingangsbereich der Bocksteinhöhle bei Rammingen (auch Bockstein-Törle genannt) auf, außerdem in der Brillenhöhle, in der Geißenklösterlehöhle (alle bei Blaubeuren im Alb-Donau-Kreis).

In der Brillenhöhle bei Blaubeuren-Weiler errichteten Gravettien-Leute aus Steinen zwei Gehäuse zum Schutz vor der Kälte. Darin hielt sich die Wärme der Feuerstellen besser als in der weiträumigen Höhlenhalle. Eine der beiden Anlagen befand sich in der Nordostecke. Sie war 6 Meter lang, 5 Meter breit und lehnte sich an die Höhlenwand an. Da die Anlage zerstört ist, kennt man ihre einstige Höhe nicht. Als Baumaterial wurden Steinblöcke verwendet, die von zwei Männern bewegt werden mussten. Womöglich war das Steingehäuse mit Tierfellen überdeckt., die man an Klüften, Löchern und

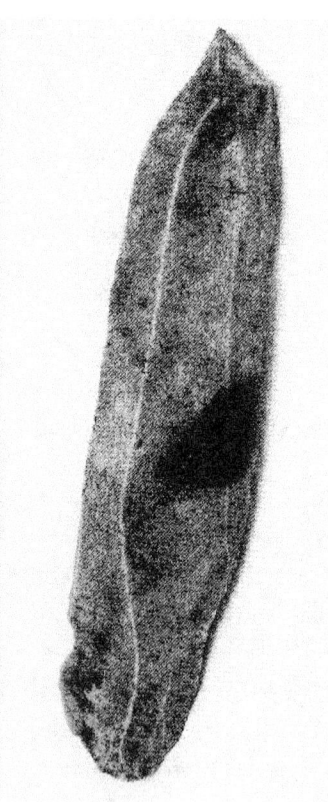

Funde von Mainz-Linsenberg:
8,2 Zentimeter lange Klinge (links)
und 3,6 Zentimeter hohe ,
3 Zentimeter breite
und 1,8 Zentimeter dicke
„Venus von Linsenberg" (rechts).
Fotos: Landesmuseum Mainz

Vorsprüngen der Höhlenwand befestigte und auf der Mauer mit Steinen beschwerte. Eine zweite, wesentlich kleinere Anlage stand frei inmitten der Brillenhöhle. Sie hatte rund 5 Quadratmeter Innenfläche. Ihr Eingang war etwa 90 Zentimeter breit. Auch dieses Steingehäuse ist zerstört. Deswegen kann man auch hier keine Höhe nennen. Diese Anlage dürfte ebenfalls mit Tierfellen überdacht gewesen sein. Ein solches Dach hielt auch Regen und Schnee ab, die durch Öffnungen in der Hallenkuppel eindringen konnten.

In Bayern haben Gravettien-Leute die Weinberghöhlen bei Mauern (Kreis Neuburg-Schrobenhausen) und den Hohlen Fels bei Happurg (Kreis Nürnberger Land) bewohnt, in Rheinland-Pfalz die Magdalenahöhle bei Gerolstein (Kreis Daun), in Hessen die Wildscheuerhöhle bei Steeden (Kreis Limburg-Weilburg), in Nordrhein-Westfalen die Balver Höhle bei Balve (Märkischer Kreis) und in Thüringen die Ilsenhöhle bei Ranis (Kreis Pößneck).

In der Magdalenahöhle bei Gerolstein hat 1970 bis 1972 der Amateur-Archäologe Gerhard Weiß gegraben. Er benannte die Höhle nach dem Vornamen seiner Frau.

Siedlungen der Gravettien-Leute im Freiland kennt man vor allem aus dem Rheinland. Dazu gehören die Freilandstationen Mainz-Linsenberg, Sprendlingen (Kreis Mainz-Bingen), Koblenz-Metternich und Rhens (Kreis Mayen-Koblenz), die alle in Rheinland-Pfalz liegen.

Als der wichtigste dieser Fundort gilt Mainz-Linsenberg. Dort entdeckte man eine Art flacher Wanne aus festem Lehm. Der davon erhaltene Rest war 1,80 Meter lang und 0,60 Meter breit. Vielleicht handelte es sich um den Teil einer Behausung. Innerhalb von Steinsetzungen ließen sich zwei Feuerstellen mit Asche und Knochenresten nachweisen. Die größere davon diente vermutlich zum Wärmen und wurde mit Tierknochen beheizt, auf der kleineren bereitete man Nahrung zu. Der Fundort Mainz-Linsenberg wurde vor allem durch zwei Kunstwerke berühmt. Die Fundstelle auf dem Linsenberg in Mainz ist 1921 bis 1923 durch den Direktor des „Mainzer Altertumsmuseums", Ernst Neeb (1861–1939) untersucht worden. Auf dem Steinberg (auch Napoleonshöhe genannt) bei Sprendlingen unweit von Bad Kreuznach lagerten vor etwa 25.000 Jahren auf der höchsten Stelle einige Rentierjäger. „In Sprendlingen wurde eine versunkene Stadt entdeckt. Da müssen Sie hin!" Dies sagte im Sommer 1978 der Kollege Hellmut Wernher dem damals 32 Jahre alten Journalisten Ernst Probst, der zu dieser Zeit noch als verantwortlicher Redakteur für die Seite „Aus aller Welt" der „Allgemeinen Zeitung" in Mainz arbeitete. Offenbar nahm der Kollege an, Probst würde sich für alles interessieren, was irgendwie alt war, womit er nicht ganz unrecht hatte.

Am nächsten Tag fuhr Probst zusammen mit einem Fotografen zum Steinberg bei Sprendlingen. Dort hatte 1977 der Mainzer Geomorphologe Johannes Preuß ein Lager steinzeitlicher Rentierjäger aus der Kulturstufe des Gravettien entdeckt. Im Sommer 1978 nahm der Prähistoriker Gerhard Bosinski auf dem Steinberg Ausgrabungen vor.

Was Probst am Ausgrabungsort auf dem Steinberg erblickte, hatte gar nichts mit einer „versunkenen Stadt" zu tun und hätte wohl manchen anderen an seiner Stelle enttäuscht. Man brauchte als Laie viel Phantasie, um sich auszumalen, dass vor rund 25.000 Jahren einige Rentierjäger auf der höchsten Stelle des Steinbergs gelagert hatten. Von dort aus konnten die Jäger weithin die Landschaft überblicken und das Wild, das sie erlegen wollten, beobachten.

Besonders interessant unter den Funden vom Steinberg waren
Gehäuse von Meeresschnecken, die von den Menschen aus
dem Gravettien durchbohrt und auf Schmuckketten aufgefädelt wurden. Die meisten dieser Schmuckschnecken
stammten von Arten, die am Steinberg und anderen Orten
des Mainzer Beckens vorkommen und aus einer Meeresstraße
stammen, die vor etwa 30 Millionen Jahren existierte. Etwas
Besonderes waren kleine Schneckengehäuse von zwei Arten
aus dem Mittelmeer, die durch Tauschhandel in den Besitz
der Jäger vom Steinberg gelangt sein dürften. Umgekehrt
schätzten Gravettien-Leute im „Ausland", wie Funde belegen,
die Schmuckschnecken aus dem Mainzer Becken.
Über diesen frühen Tauschhandel und Schmuck vor rund 25.000
Jahren schrieb Probst einen Zeitungsartikel. Viele weitere Artikel
über Themen aus der Steinzeit folgten. 1991 veröffentlichte er
sogar einen 620 Seiten im Großformat umfassenden und mehr
als drei Kilogramm schweren Wälzer namens „Deutschland in
der Steinzeit" (C. Bertelsmann). Von diesem Werk erschienen
drei Auflagen. Der imposante Band wurde unter anderem im
Fernsehen und im Nachrichten-Magazin „Der Spiegel"
wohlwollend vorgestellt.
Die Archäologie hat Ernst Probst seit dem Sommer 1978 nicht
mehr losgelassen. Hierüber schrieb er auch in seiner Freizeit
zahlreiche Artikel für renommierte Zeitungen in Deutschland,
Österreich und der Schweiz. 1996 publizierte er den Band
„Deutschland in der Bronzezeit" (C. Bertelsmann). Mit Archäologie haben auch viele seiner mehr als 400 Taschenbücher,
Broschüren und E-Books zu tun, die der 1946 in Bayern
geborene und heute in Wiesbaden lebende Probst bei ver-
schiedenen Verlagen veröffentlicht hat.
Doch nun zurück zum Thema Gravettien.

Bonner Anatom Hermann Schaaffhausen (1816–1893).
Porträt vor 1893 (via Wikimedia Commons),
Lizenz: gemeinfrei (Public domain)

In Koblenz-Metternich hielten sich am linken Moselufer Gravettien-Leute am Hang des Kimmelberges auf. Die Funde in der Ziegeleigrube Wegler von Koblenz-Metternich wurden zum größten Teil 1882 durch den Bonner Anatomen Hermann Schaaffhausen (1816–1893) und durch den Direktor des Städtischen Tiefbauamtes in Koblenz, Adam Günther (1861–1940), geborgen. 1905 und 1906 nahm Günther Ausgrabungen vor. 1937 erfolgte eine Nachgrabung durch den Prähistoriker Hans Leonhard Hofer (1908–1941) für das „Landesmuseum Bonn". In Rhens siedelten Gravettien-Leute unweit des linken Rheinufers. Die ersten Funde in der Ziegelei Peters (später Müller) gelangen 1898 Adam Günther aus Koblenz. Weitere Funde barg 1938 der Bonner Prähistoriker Hans Leonhard Hofer.

Im Gravettien haben einige Wildpferd-Jäger auch am Quelltümpel der Großen Adlerquelle in Wiesbaden (Hessen) gelagert. Offenbar wussten diese Jäger von der Besonderheit der heute noch 67 Grad Celsius warmen Mineralquelle und schätzten sie. Bei dem damals herrschenden kühlen Klima fiel die Quelle schon bei weitem durch aufsteigende Dampffahnen auf. Man müsse sich vorstellen, dass in vorgeschichtlicher Zeit das Kleinklima um den Quellenbezirk günstig beeinflusst, der Boden in unmittelbarer Nähe der Quellen aufgewärmt und vor allem die Lufttemperatur erhöht wurde. Dies schrieb der Oberstudienrat i. R. Karl Wurm (1893–1951) in der Publikation „Aus Wiesbadens Vorzeit", die man den Teilnehmern der Jahrestagung des West- und Süddeutschen und Nordwestdeutschen Verbandes für Altertumsforschung 1972 in Wiesbaden zum Gruß überreichte. Wurm steuerte für dieses kleine Werk das 24 Seiten umfassende Eingangskapitel „Die urgeschichtliche Besiedlung im Raum Wiesbaden" bei.

Bei Bohrungen barg Franz Michels (1891–1970), der erste
Direktor des „Landesamtes für Bodenforschung" in Wiesbaden, 1953 und 1954 in einer Tiefe zwischen etwa 1,40 und
1,70 Meter unter der Sohle der Großen Adlerquelle zahlreiche
Artefakte aus einheimischem Kieselschiefer, feinkörnigem
Quarzit und eventuell Basalt sowie aus ortsfremdem Feuerstein,
der erst in mehr als 100 Kilometer Entfernung vorkommt. Ein
Schlagstein aus Quarz wies deutliche Schlagspuren auf. Die
Einordnung der an dieser Fundstelle geborgenen Artefakte –
wie Bohrer und Klingen – in das Gravettien erfolgte nach
typologischen und technologischen Gesichtspunkten.
Tierzähne, die man dort auflas, stammten vom Hirsch, Wild-
schwein, Wildpferd und Wildrind. Karl Wurm spekulierte, es
handle sich möglicherweise um ein „Kultmahl an dieser heißen
Quelle". Es ist allerdings ungewiss, ob die Steinartefakte und
die Tierzähne exakt aus der gleichen Zeit stammen. Bei vier
weiteren Sondierungsbohrungen an anderen Wiesbadener
Quellen entdeckte man trotz genauer Beobachtung keine
weiteren Artefakte. Der Archäologe Harald Floss veröffent-
lichte 1991 im „Archäologischen Korrespondenzblatt" den
Artikel „Die Adlerquelle – Ein Fundplatz des Mittleren
Jungpaläolithikums im Stadtgebiet von Wiesbaden.
Besonders aufschlussreiche Spuren von Freilandsiedlungen aus
dem Gravettien kennt man aus Österreich (Langenlois),
Tschechien (Dolni Vestonice I und II, Ostrava-Petrkovice,
Pavlov) und aus Russland (Kostenki).
In Aggsbach an der Donau in Niederösterreich, etwa drei
Kilometer von der weltberühmten Fundstelle Willendorf II
entfernt, gelten die dort gefundenen Steinwerkzeuge als Beleg
für einen Siedlungsplatz aus dem Gravettien. Auf die erste
von mehreren Fundstellen – Fundstelle A genannt – stieß man

1883, als auf dem Grundstück des damaligen Bürgermeisters und Wirtes Ebner eine kleine Ziegelei errichtet wurde. Beim Lössabbau kamen erste Artefakte zum Vorschein, wovon der Ingenieur und Heimatforscher Ferdinand Brun (1850–1905) aus Kottes erfuhr, der diese Funde bekannt machte. 1884 hörte der Wiener Prähistoriker Josef Szombathy (1853–1943) von der Entdeckung. Er besichtigte am 5. Oktober 1884 zusammen mit Brun die Fundstelle. Bruno übernahm von da ab das Aufsammeln der Funde, wobei er von dem Wiener Landschaftsmaler Hans Fischer (1848-1915) unterstützt wurde, der in den Sommermonaten 1888 bis 1891 die Untersuchungen fortsetzte. Die Fundstelle B im Garten des Fabrikanten Heinrich Abel aus Wien wurde 1909 bei einem kurzen Besuch des Wiener Prähistorikers Josef Bayer (1882–1931) entdeckt und 1911 ausgegraben. Als Fundstelle C wird der Bergkirchner Keller bezeichnet, der im Winter 1910/1911 eingestürzt war, wobei eine Kulturschicht sichtbar wurde. Weitere Fundstellen spürte man später auf. Eine umfassende Bearbeitung der Funde aus Aggsbach unter den heute üblichen wissenschaftlichen Maßstäben nahm 1951 der Wiener Prähistoriker Fritz Felgenhauer (1920–2009) vor.

Zu den bedeutendsten Freilandsiedlungen aus dem Gravettien in Österreich gehört jene von der Ziegelei Kargl in Langenlois unweit von Krems. Dort stieß der Prähistoriker Felgenhauer 1961 bei Grabungen auf wannenförmige Vertiefungen, Pfostenlöcher mit Resten aufgestellter Mammutstoßzähne sowie Spuren von Feuerstellen. In Langenlois hatten Gravettien-Leute vermutlich einige kegelförmige oder längliche Hütten errichtet. Dabei dienten Stoßzähne und Knochen vom Mammut sowie Steine als Wandstützen. Nach der Ausdehnung der Siedlungsspuren zu schließen, dürfen hier etwa acht Personen gelebt haben.

Wiener Prähistoriker Josef Szombathy (1853–1943).
Porträt vor 1943 (via Wikimedia Commons),
Lizenz: gemeinfrei (Public domain)

Aus Dolni Vestonice (Unterwisternitz) in Mähren kennt man die Grundrisse von zwei an einem leichten Hang in Nähe einer Quelle errichteten Hütten. In einer davon (Dolni Vestonice I) gab es fünf Feuerstellen, in einer anderen (Dolni Vestonice II) eine Feuerstelle, in deren Asche man Bruchstücke von Menschen- und Tierfiguren aus Ton barg. Aus den Pfahlgruben schloss man, dass das Dach der letzteren Behausung pultförmig gestaltet war. Auf einer Seite ruhte es auf Tragpfählen, auf der anderen auf dem Boden des Hanges. Der Fundplatz Dolni Vestonice wurde 1922 entdeckt und zwischen 1924 und 1938 durch den Paläoanthropologen Karel Absolon (1887–1960) vom „Mährischen Landesmuseum Brünn" ausgegraben. Er fand lediglich eine große Anhäufung von Mammutknochen, die er als Abfallhaufen beschrieb. Die Siedlungsstelle Dolni Vestonice I wurde von dem Prähistoriker Bohuslav Klima (1925–2000) aus Brünn (Brno) entdeckt und 1950 bekannt gemacht. 1951 stieß man etwa 80 Meter davon entfernt auf die Siedlungsstelle Vestonice II.

Die 1955 durch Klima untersuchte Siedlung von Ostrava-Petrkovice war auf dem Hügel Landek am linken Ufer der Oder angelegt. Dort wurden Grundrisse von drei ovalen Siedlungsobjekten mit je zwei Feuerstellen gefunden Als Heizmaterial verwendete man auch die bis an die Erdoberfläche des Hügels reichende Steinkohle.

In Pavlov wurden sogar Grundrisse von elf kreis- und nierenförmigen sowie unregelmäßigen Behausungen entdeckt. 1952 stieß man dort auf den Teil einer Siedlung, die man in den Jahren danach untersuchte.

Besonders große Behausungen konnten in Kostenki am rechten Ufer des Don nachgewiesen werden. Vielleicht handelte es sich um Umfassungen in der Art eines Windschirms

Geschossspitze
aus dem Gravettien
aus der Brillenhöhle
bei Blaubeuren-Weiler.
Foto: Thilo Parg /
CC-BY-SA3.0
(via Wikimedia Commons),
lizensiert unter
Creative-Commons-Lizenz
by-sa-3.0,
https://creativecommons.org/
licenses/by-sa/3.0/legalcode

ohne Dach. Am Lagerplatz IV – einer von insgesamt 18
Fundstellen – lagen im Abstand von mehr als 15 Metern
entfernt zwei längliche Wohnstellen. Die größere davon war
34 Meter lang und 5,50 Meter breit. Im Innern wurde diese
Behausung durch Bodenschwellen in drei Teile gegliedert. In
der Längsachse gab es neun Feuerstellen. Die kleinere
Wohnstelle hatte eine Länge von 21 Metern und eine Breite
von 5,50 Metern. Darin zählte man zehn Feuerstellen.
Vielleicht wurde jede von bestimmten Bewohnern benutzt.
Diese Beispiele von Siedlungen aus Österreich, Tschechien
und Russland zeigen, dass die Gravettien-Leute fähig gewesen
sind, technisch aufwändige Behausungen zu planen und
aufzubauen. Gleiches darf man von den damaligen Jägern
und Sammlern in Deutschland annehmen. Vielleicht gelingt
auch hier einmal eine derart aufschlussreiche Entdeckung.
Die Gravettien-Jäger haben – nach den Jagdbeuteresten zu
schließen – vor allem Mammute, Rentiere und Wildpferde zur
Strecke gebracht. Gelegentlich erlegten sie auch Höhlenbären,
Wölfe und Eisfüchse. Als einzige Waffen standen ihnen dafür
Stoßlanzen und Wurfspeere zur Verfügung.
Die Mammutjagd ist durch Funde aus den Weinberghöhlen
bei Mauern in Bayern besonders eindrucksvoll belegt. Dabei
handelt es sich um vier nebeneinanderliegende, miteinander
verbundene Höhlen sowie um eine weitere Höhle im Wellhei-
mer Trockental. Am östlichen Eingang zur Mammuthöhle fand
man den vollständigen Schädel eines jugendlichen Mammuts,
dessen Stoßzähne teilweise abgebrochen waren und dicht davor
lagen. Außerdem barg man Teile von Mammutwirbelsäulen,
zwei Mammutschulterblätter, viele Rippen und vordere Extre-
mitätenknochen vom Mammut sowie 14 durchlochte Elfen-
beinanhänger und ebenfalls durchlochte Zähne vom Höhlen-

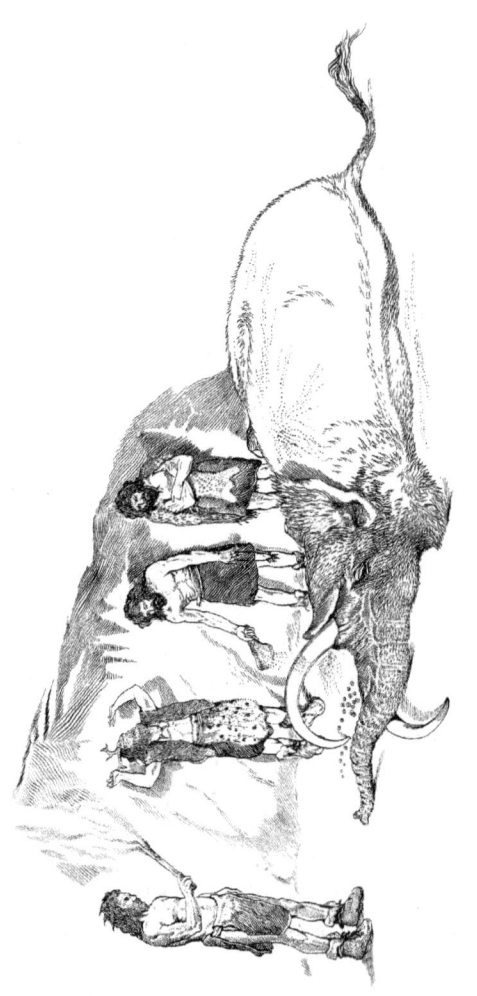

Versöhnungszeremonie
von Jägern aus dem Gravettien
für ein getötetes Mammut
vor den Weinberghöhlen
von Mauern
(Kreis Neuburg-Schrobenhausen)
in Bayern.
Zeichnung von
Fritz Wendler (1941–1995)
für das Buch
„Deutschland in der Steinzeit"
(1991) von Ernst Probst

bären, Wolf, Eisfuchs und Rentier. Da die Fundstelle stark von Rötel gefärbt war und Holzkohlenreste enthielt, vermutete der umstrittene Ausgräber Assien Bohmers (1912–1988) aus Groningen in Holland eine kultische Funktion. Später entdeckte man am östlichen Eingang der Mittelhöhle das Skelett eines etwa zehn Jahre alten Mammuts, das noch die Stoßzähne trug. Das Skelett ruhte auf einer mehrere Zentimeter dicken Schicht roter Erde und war mit vielen durchlochten Elfenbeinperlen und zahlreichen Feuersteinwerkzeugen überhäuft. Die „Perlen" und die Werkzeuge waren rot gefärbt. Handelte es sich hier etwa um eine Versöhnungszeremonie für ein getötetes Mam-mut?

Jagdbeutereste sowie Werkzeug- und Schmuckfunde aus Elfenbein belegen auch in anderen Teilen Deutschlands die Jagd auf Mammute. Sie wirken jedoch sehr bescheiden, wenn man sie mit der auffällig großen Zahl an Mammutresten von Gravettien-Fundstellen in Tschechien und Russland vergleicht. Allein in Predmost in Tschechien hat man im Laufe der Zeit schätzungsweise tausend Mammute erlegt.

Die Rentierjagd im Gravettien ist in Deutschland unter anderem durch das Fundgut aus der Brillenhöhle bei Blaubeuren-Weiler in Baden-Württemberg sowie von Mainz-Linsenberg und Sprendlingen in Rheinland-Pfalz nachgewiesen. Vom Linsenberg und vom Steinberg bei Sprendlingen konnten die Jäger weithin die Landschaft überblicken und das Wild beobachten. Unter den Jagdbeuteresten von Mainz-Linsenberg und auf der anderen Rheinseite an der Großen Adlerquelle in Wiesbaden fand man auch Knochen von Wildpferden.

Wenn von der Jagd auf Wildpferde in der jüngeren Altsteinzeit die Rede ist, verweisen die Prähistoriker gern auf die Funde bei dem französischen Dorf Soluté bei Macon im Département

Die Gegend von Solutré-Pouilly bei Macon
im französischen Département Saone-et-Loire in Burgund
war im Solutréen das Revier von Wildpferdjägern.
Foto: Yelkrokoyade / CC-BY-SA3.0 (via Wikimedia Commons),
lizensiert unter Creative-Commons-Lizenz by-sa-3.0-de,
https://creativecommons.org/licenses/by-sa/3.0/legalcode

Saone-et-Loire in Burgund. Dort haben Jäger vor etwa 25.000 Jahren im Laufe der Zeit schätzungsweise 25.000 Wildpferde getötet und zerlegt. Diese Jagdbeutereste entsprechen zeitlich dem Gravettien. Der dazugehörende Technokomplex wird jedoch dem nur in Frankreich und Spanien vertretenen Solutréen (etwa 24.000 bis 20.000 Jahre) zugerechnet.
Früher nahm man an, die Jäger von Solutré hätten laut schreiend und wild gestikulierend ganze Herden von Wildpferden auf einen allmählich aus der Ebene aufsteigenden Felsen zugetrieben. An dessen steil abfallendem Ende sollen die Tiere dann in die Tiefe und somit in den Tod gestürzt sein. Dies wird heute bezweifelt, weil die Fundstelle mit den Abertausenden von Wildpferdknochen weit von der angenommenen Absturzstelle entfernt ist. Am wahrscheinlichsten ist, dass man die Wildpferde bei ihren jahreszeitlichen Wanderungen vom Rhonetal auf die westliche Hochebene am Engpass unterhalb des Felsens erwartete. In Solutré haben ab 1865 der Geologe Henri de Ferry (1826–1869) aus Bussières sowie der Archäologe und Paläograph Adrien Arcdelin (1838–1904) aus Chaumont gegraben,. 1873 wurden außer Herdstellen, Werkzeugen und Schmuck auch drei menschliche Skelette aus dem Solutréen entdeckt. Den Begriff Solutréen hat 1869 der Prähistoriker Gabriel de Mortillet (1821–1898) aus Saint-Germain bei Paris geprägt.
Bestattungen von Sungir bei Vladimir unweit der russischen Hauptstadt Moskau liefern Anhaltspunkte dafür, wie die damalige Ober- und Unterbekleidung aussah. Zwar war die Kleidung selbst nicht mehr erhalten, aber sie ließ sich aus der Lage des aufgenähten Schmuckes aus Tierzähnen, Mammutelfenbein und durchlochten Schneckengehäusen rekonstruieren.

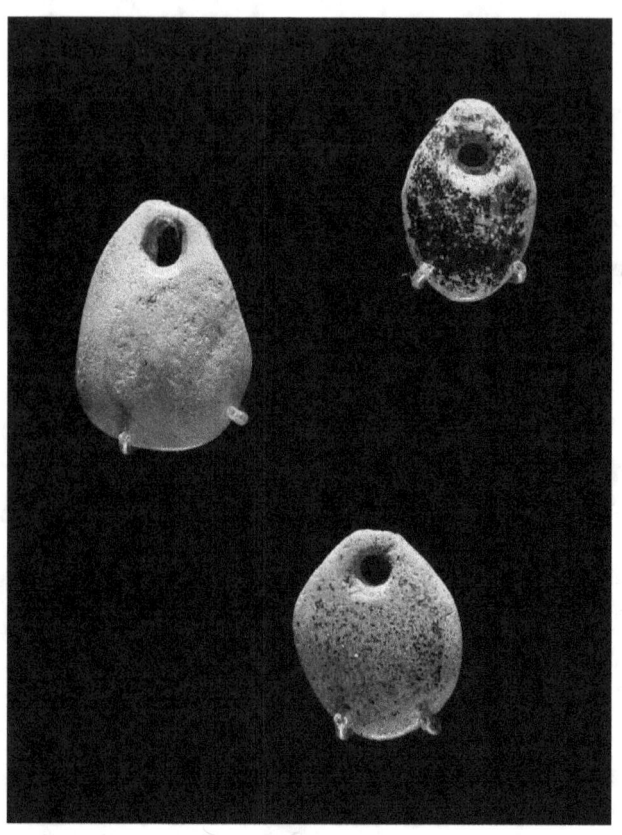

Aus Mammutelfenbein geschnitzte Schmuckanhänger
aus der Brillenhöhle bei Blaubeuren-Weiler
in Baden-Württemberg. Foto: Thilo Parg / CC-BY-SA3.0
(via Wikimedia Commons),
lizensiert unter Creative-Commons-Lizenz by-sa-3.0,
https://creativecommons.org/licenses/by-sa/3.0/legalcode

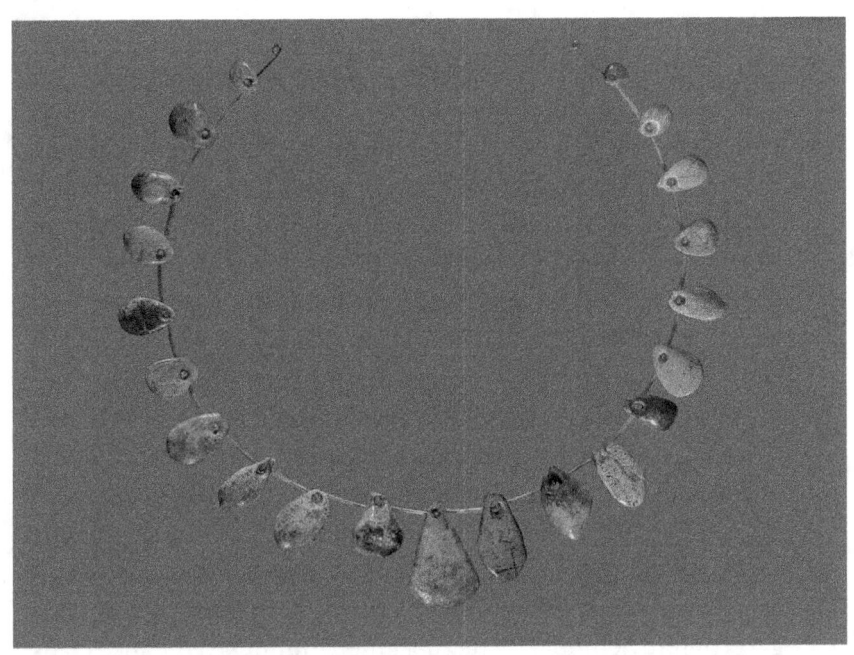

Halskette mit Schmuckanhängern
aus Mammutelfenbein
aus der Brillenhöhle
bei Blaubeuren-Weiler
in Baden-Württemberg.
Foto: Thilo Parg / CC-BY-SA3.0
(via Wikimedia Commons),
lizensiert unter
Creative-Commons-Lizenz by-sa-3.0,
https://creativecommons.org/licenses/
by-sa/3.0/legalcode

Die Verteilung der Schmuckperlen aus fossilem Holz oder Elfenbein bei der 1964 entdeckten Bestattung von Sungir zeigt, dass dieser Mensch als Oberbekleidung eine Pelz- oder Lederjacke ohne Vorderausschnitt trug. Als Unterbekleidung diente eine Pelz- oder Wildlederhose, die vermutlich mit leichten Schuhen zusammengenäht war. Letztere hatten wahrscheinlich das Aussehen indianischer Mokassins und dürften aus Tierleder angefertigt gewesen sein. Die Hose wurde an den Knien und an den Knöcheln durch eine breite Schärpe aus Leder zusammengezogen, die mit Perlen geschmückt war. Zusätzliche Erkenntnisse über die damalige Kleidung und den Schmuck konnte man an den 1969 geborgenen Bestattungen von Sungir gewinnen. Demnach schützte man den Kopf durch eine reich mit Perlen verzierte Pelzmütze. Die kurzgeschnittene Oberbekleidung wurde vorn mit langen Nadeln aus Mammutelfenbein zugeknöpft. Auf der Brust trug man aus Knochen gefertigten Schmuck. Hinzu kamen dünne Armbänder aus Elfenbein und Ringe aus Knochen an den Daumen. Die Füße waren mit Pelzstiefeln beschuht.

Die Gravettien-Leute in Deutschland hatten eine Vorliebe für Schmuckketten, auf denen beispielsweise kleine durchbohrte Schneckengehäuse, „Perlen" aus fossilem Holz (Gagat) oder Elfenbein oder Tierzähne aufgefädelt waren. Neu gegenüber voran-gegangenen Kulturstufen waren Armringe aus Elfenbein.

Unter den durchlochten und undurchlochten Schmuckschnecken von Mainz-Linsenberg befanden sich neben 26 Exemplaren der Gattung *Cerithium* aus dem Mainzer Becken auch zwei kleine Schneckenarten aus dem Mittelmeergebiet. Fernverbindungen belegen auch die auf dem Steinberg bei Sprendlingen gefundenen Schmuckschnecken. Darunter ließen sich Schneckengehäuse von zwei im Mittelmeerraum heimischen Arten (*Cyclope neritea, Hinia crassata*) identifizieren. Die Mehrzahl der Sprendlinger Schmuckschnecken stammte dagegen von Arten wie *Tympanotonus margaritaceus, Pirenella plicata, Potamides lamarcki* und *Cominella cassidaria*, die am Steinberg und anderen Orten des Mainzer Beckens vorkommen. Die Schmuckschnecken aus dem Mittelmeergebiet dürften durch Tausch in den Besitz der Jäger von Mainz-Linsenberg und Sprendlingen gelangt sein. Umgekehrt schätzten Gravettien-Leute im „Ausland" die Schmuckschnecken aus dem Mainzer Becken.

Bewohner der Geißenklösterlehöhle bei Blaubeuren-Weiler schmückten sich mit kleinen „Perlen", die sie serienweise aus Mammutstoßzähnen schnitzten. Sie stellten längliche Elfenbeinstäbe her, die sie mit Steinmessern in bestimmten Abständen rundum einkerbten. An diesen dünnen Stellen ließen sich die einzelnen „Perlen" abbrechen. Man glättete sie dann an den Bruchstellen und durchlochte sie von beiden Seiten mit Steinbohrern. Danach konnte man die fertigen „Perlen" auf einem dünnen Lederband aufreihen. Aus der Geißenklösterlehöhle kennt man außerdem künstlich durchbohrte Zähne vom Hirsch, Wolf und Fuchs, die als Anhänger dienten. Auch kleine durchbohrte Ammoniten aus der Geißenklösterlehöhle und der Höhle Hohler Fels bei Schelklingen gelten als Schmuckstücke.

In der Magdalenahöhle bei Gerolstein in der Eifel entdeckte man Bruchstücke von mindestens drei Ringen aus Elfenbein. Nach ihrem Durchmesser zu schließen, wurden sie am Arm getragen. Diese Ringe sind mit einem fein eingeritzten Sparrenmuster und in einem Fall durch eingebohrte Punktreihen verziert.

Eingang zur Wildscheuerhöhle bei Steeden an der Lahn
(Kreis Limburg-Weilburg) um 1925.
Foto: Fritz Geller-Grimm /
Bildarchiv Sammlung Nassauischer Altertümer
(via Wikimedia Commons),
Lizenz: gemeinfrei (Public domain)

Die Gravettien-Leute haben in Deutschland nur sehr wenige Kunstwerke hinterlassen. Dazu zählen Bruchstücke von „Venusfiguren" aus grauem Sandstein von Mainz-Linsenberg und eine „Venusfigur" aus rot „gebranntem" Kalkstein in den Weinberghöhlen bei Mauern. Als dritter Fundort einer „Venusfigur" kommt vielleicht die Brillenhöhle bei Blaubeuren-Weiler in Betracht. Außerdem kennt man einen zugespitzten Vogelknochen mit vierreihigem Zickzackmuster aus der Wildscheuerhöhle in Hessen, der vom Schönheitssinn der einstigen Bewohner zeugt. Diese Funde sind sehr bescheiden im Vergleich zu den reichen Funden an Kunstwerken aus dem vorhergehenden Aurignacien, in dem man neben einigen Menschenfiguren auch etliche gekonnte Tierdarstellungen schuf.

Die „Venusfiguren" vom Linsenberg oberhalb des Zahlbachtales in Mainz wurden 1921 bei Ausgrabungen entdeckt. Diese waren durch Funde von Tierknochen und Feuersteinklingen angeregt worden, auf die man bei Kanalbauarbeiten unterhalb der heutigen Universitätskliniken stieß. Beide Figurenfragmente sind rund dreieinhalb Zentimeter groß. Bei einem dieser Funde handelt es sich um den unteren Teil einer weiblichen Statuette. Erkennbar sind die Schampartie und die auffällig dicken Oberschenkel. Auf der Oberfläche kann man Schnitz- und Glättspuren beobachten. Beim zweiten Fund liegt der mittlere Teil einer vermutlich ebenfalls weiblichen Figur vor. Auf der Vorderseite sind nur Teile der rechten Körperhälfte und des linken Unterschenkels – jedoch keine Schampartie – vorhanden. Die Rückseite präsentiert den unteren Rückenteil, das Gesäß und die Oberschenkel. Die Statuenbruchstücke befanden sich zwischen den übrigen Siedlungsresten, also an keinem besonderen Aufbewahrungsort.

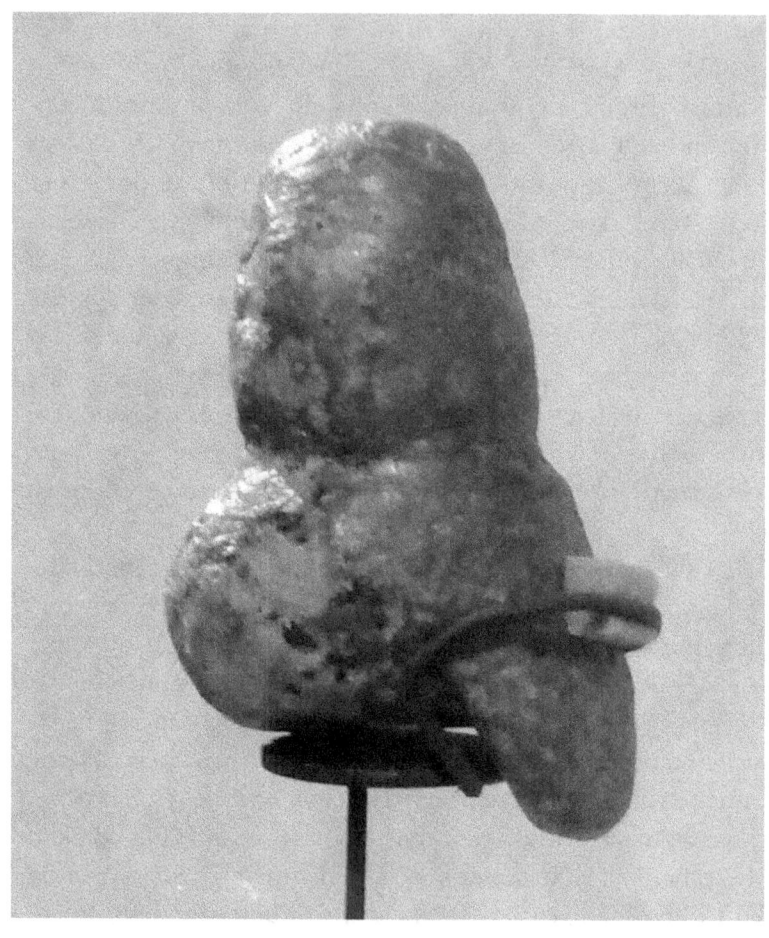

„Venus von Mauern" („Rote von Mauern)
aus den Weinberghöhlen bei Mauern (Kreis Neuburg-Schrobenhausen)
in Bayern. Foto: Mauernbilder (CC-BY-SA3.0
(via Wikimedia Commons),
lizensiert unter Creative-Commons-Lizenz by-sa-3.0-de,
https://creativecommons.org/licenses/by-sa/3.0/legalcode

Weinberghöhlen bei Mauern (Kreis Neuburg-Schrobenhausen)
in Bayern.
Foto: Thilo Parg (CC-BY-SA3.0 (via Wikimedia Commsons),
lizensiert unter Creative-Commons-Lizenz by-sa-3.0,
https://creativecommons.org/licenses/by-sa/3.0/legalcode

Die Fundumstände der am 24. August 1948 von dem adligen Amateur-Archäologen Christoff von Vojkoff (1879–1970) in den Weinberghöhlen bei Mauern geborgenen, 7,2 Zentimeter großen „Venusfigur" liegen im Dunkel. Manhat sie gleich nach dem Auffinden zwecks besserer Konservierung in einem Brennofen „gehärtet". Angeblich wurde diese „Venusfigur" aus Kalkstein geschaffen. Bisher ist jedoch keine mineralogische Untersuchung vorgenommen worden, die beweist, ob es sich tatsächlich um Kalkstein handelt. Die Figur besitzt einen roten Überzug. Man weiß nicht, ob dieser von der Lage der Figur in einer rotgefärbten Schicht stammt oder ob es sich um eine von Menschenhand vorgenommene Färbung handelt. Bei der „Venusfigur" aus den Weinberghöhlen soll es sich um eine „Zwei-Geschlechter-Figur" mit männlichen und weiblichen Merkmalen handeln. Die Existenz solcher Figuren wurde von dem Erlanger Prähistoriker Lothar Zotz (1899–1967), dem Ausgräber in Mauern, für die Altsteinzeit vermutet. Deswegen besteht in der Fachwelt der Verdacht, es handele sich bei dieser angeblichen „Venusfigur" um eine Fälschung durch Freunde des Ausgräbers. Die „Venusfigur" aus den Weinberghöhlen soll sowohl einem Penis mit Hoden als auch einem Frauenkörper ähneln. Ihr Oberkörper wird durch einen dicken unförmigen Zapfen ohne Brüste gebildet. Umlaufende Linien markieren die Taille. Das Gesäß lädt stark nach hinten und seitlich aus. Beide Hälften werden durch einen tiefen Einschnitt voneinander getrennt. Die linke Gesäßbacke ist deutlich größer als die rechte. Der untere Gesäßteil und die rückwärtigen Teile beider Oberschenkel gehen fast waagrecht nach vorne, wobei eine Sitzfläche entsteht, auf der die „Venusfigur" – ohne zu wackeln – sitzen kann. Im Kniebereich gibt es einen scharfen Knick. Auf der Vorderseite bilden der

Schoß ohne Schamdreieck und die Beinpartie eine Fläche. Unten endet die Figur stumpf ohne Füße.

Als Reste einer mutmaßlichen „Venusfigur" werden auch zwei 1973 aus der Brillenhöhle bei Blaubeuren-Weiler beschriebene Elfenbeinlamellen gedeutet, die in aufgeblättertem und zermürbten Zustand geborgen wurden. Der Ausgräber hielt sie für Gesäßreste einer Figur, die als Torso auf den einstigen Höhlenboden gelangte.

Die „Venusfiguren" von Mainz-Linsenberg und aus den Weinberghöhlen von Mauern sind in Europa keine Einzelerscheinungen. Sie gehören zu einem Kreis ähnlich gestalteter Statuetten aus Stein, Knochen und Elfenbein., die vom Don bis an den Atlantik verbreitet waren. „Venusfiguren" kennt man aus Russland (Avdeevo, Chotylevo, Gagarino, Kostenki), Tschechien (Dolni Vestonice, Pavlov, Petrkovice), Slowakei (Moravany-Podkovica), Österreich (Willendorf), Italien (Chiozza, Grimaldihöhlen, Savignano, Trasimeno) und Frankreich (Lespugue, Monpazier, Péchialet, Sireuil).

Als eines der weitweit bekanntesten Kunstwerke dieser Art gilt die am 7. August 1908 am niederösterreichischen Fundort Willendorf II entdeckte „Venus von Willendorf" aus Kalkstein. Sie wurde bei Ausgrabungen unter der Leitung des Wiener Prähistorikers Josef Szombathy (1853–1943) geborgen, an der sich auch die Prähistoriker Josef Bayer (1882–1931) und Hugo Obermaier (1872–1946) beteiligten. Zum Zeitpunkt der Entdeckung der „Venus von Willendorf" durch einen Arbeiter hielten sich Szombathy, Bayer und Obermaier zufällig in einem nahen Gasthaus auf. Obwohl keiner der drei Prähistoriker wirklich Augenzeuge des Fundes war, behaupteten sie später, dabei gewesen zu sein, und stritten darüber, wem die Ehre des Entdeckers gebühre.

Willendorf in der Wachau (Niederösterreich)
von der Burgruine Aggstein aus gesehen. Willendorf ist der Fundort
von zwei „Venusfiguren" aus der Kulturstufe Gravettien.
Foto: Christian Jansky / User Tschaensky / CC-BY-SA2.5
(via Wikimedia Commons),
lizensiert unter Creative-Commons-Lizenz by-sa-2.5-de,
https://creativecommons.org/licenses/by-sa/2.5/legalcode

*„Venus von Willendorf" („Venus I"),
fotografiert in der Ausstellung „Magische Orte" (2011)
im „Gasometer Oberhausen".
Original im „Naturhistorischen Museum Wien".
Foto: Ziko van Dijk / CC-BY-SA3.0 (via Wikimedia Commons),
lizensiert unter Creative-Commons-Lizenz by-sa-3.0-de,
https://creativecommons.org/licenses/by-sa/3.0/legalcode*

Hinterkopf der „Venus von Willendorf" („Venus I").
Original im „Naturhistorischen Museum Wien".
Foto: Don Hitchcock/ CC-BY-SA3.0 (via Wikimedia Commons),
lizensiert unter Creative-Commons-Lizenz by-sa-3.0-de,
https://creativecommons.org/licenses/by-sa/3.0/legalcode

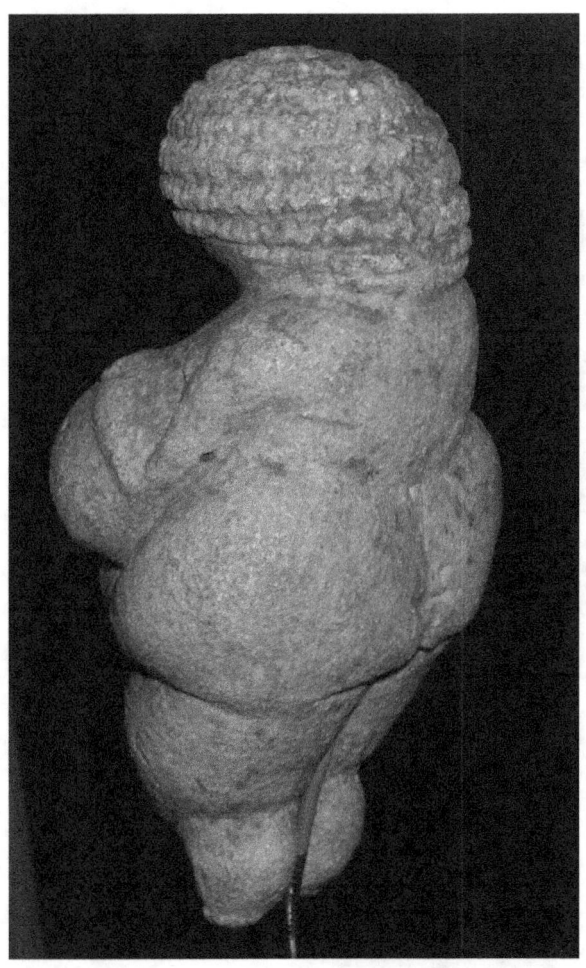

Rückseite der „Venus von Willendorf" („Venus I").
Original im „Naturhistorischen Museum Wien".

Prähistoriker Hugo Obermaier (1872–1946).
Aufnahme vor 1946 (via Wikimedia Commons,
Lizenz: gemeinfrei (Public domain)

Der Arbeiter hatte die „Venusfigur" im ersten Augenblick für einen merkwürdigen Stein gehalten. Als er ihn mit seinem Ta-schentuch abrieb, erkannte er, dass er wie eine dicke Frau aussah. Er zeigte den seltsamen Fund zunächst seinem Kollegen und später Josef Szombathy. Vor lauter Aufregung über diese unge-wöhnliche Entdeckung hatte man nicht genau darauf geachtet, aus welcher der insgesamt neun Kulturschichten der Fundstelle Willendorf II die „Venus" zum Vorschein gekommen war. Die Schicht 1 datierte man ins Moustérien, die Schichten 2 bis 4 ins Aurignacien und die Schichten 5 bis 9 ins Gravettien. Szom-bathy informierte sich über die Fundumstände, notierte Schicht 7 in sein Tagebuch, korrigierte jedoch später diese Angabe und trug Schicht 9 ein. Noch heute wird der Fund der neunten, also chronologische jüngsten Schicht zugeordnet.

Die 1908 entdeckte „Venus I" von Willendorf ist 10,3 Zentimeter hoch und besteht aus einer Kalksteinart, die am Fundort nicht vorkommt. Die Plastik stellt eine nackte Frau in aufrechter Haltung dar, die einen runden Kopf mit einer seltsamen, durch mehrere Wülste angedeuteten „Haartracht" besitzt. Am Gesicht sind weder Augen noch Ohren, Nase, Mund und Kinn zu erkennen. Auffällig sind die Hängebrüste, der Spitzbauch, die stark betonten Genitalien, das dicke Gesäß und die breiten Oberschenkel. Die Füße fehlen hier ebenso wie bei anderen „Venusfiguren". Farbreste weisen darauf hin, dass die ganze Figur ursprünglich rot gefärbt war.

Eine weitere Frauenfigur – „Venus II" genannt – wurde bei Ausgrabungen von Juni bis Juli 1926 ebenfalls am Fundort Willendorf II geborgen. Sie kam in Schicht 5 ans Tageslicht, besteht aus Mammutelfenbein, maß ursprünglich 30 Zentimeter Länge und hat die Gestalt einer grob stilisierten, schlanken Frau. Diese „Venus" ruhte auf dem rechten Ast eines

„Venus von Laussel" im französischen Département Dordogne.
Sie ist als nackte Frau mit einem Wisenthorn in der Hand dargestellt.
Foto: Musée de Aquitaine, Bordeaux, Frankreich / CC-BY-3.0
(via Wikimedia Commons),
lizensiert unter Creative-Commons-Lizenz by-sa-3.0-en,
https://creativecommons.org/licenses/by/3.0/legalcode

Mammutunterkiefers, der in einer Grube lag. Kopf und Fußspitze dieser Figur sind schon in der Altsteinzeit abgebrochen, daher ist sie nur noch 23,2 Zentimeter lang. Die Fundlage in der ältesten Gravettien-Schicht von Willendorf II zeigt, dass die zweite „Venus" früher geschnitzt wurde als die zuerst geborgene.

Die gesichtslosen, nach einem bestimmten Schema geformten Statuetten stellten keine Einzelpersonen dar, wie das aus Elfenbein geschnitzte naturgetreue „Portraitköpfchen" aus Dolni Vestonice. Man darf diese Statuetten nicht als einen Beweis dafür ansehen, dass die Frauen im Gravettien derart dick und üppig gewesen sind. Vielmehr verkörpern diese „Venusfiguren" die weibliche Fruchtbarkeit, die durch die Betonung des mittleren Körperteils besonders hervorgehoben wurde.

Manchmal wurden im Gravettien weibliche Figuren in Fels gehauen. Als eines der berühmtesten unter diesen Kunstwerken gilt die nackte Frau mit einem Wisenthorn in der Hand aus der Halbhöhle von Laussel in der Dordogne (Frankreich). Vom selben Fundort kennt man außerdem vier andere Frauenfiguren und eine Männergestalt. Diese Darstellungen sind 20 bis 38 Zentimeter hoch und rot bemalt. Ins Gravettien oder Aurignacien datiert werden auch zwei weibliche Figuren vom Fundort Temere Pialat in der Dordogne. Die linke davon trägt eine Art von Ponyfrisur.

Tierfiguren vom Mammut, Fellnashorn, Höhlenbären, Höhlenlöwen und Wildpferd – wie man sie beispielsweise in Dolni Vestonice aus Lehm geschaffen hat – konnten bisher in Deutschland nicht nachgewiesen werden. Auch Höhlenmalereien wie in Frankreich und Italien (Pagliccihöhle) sowie Ritzzeichnungen wie in Frankreich (Pair-non-Pair) wurden ebenfalls nicht entdeckt.

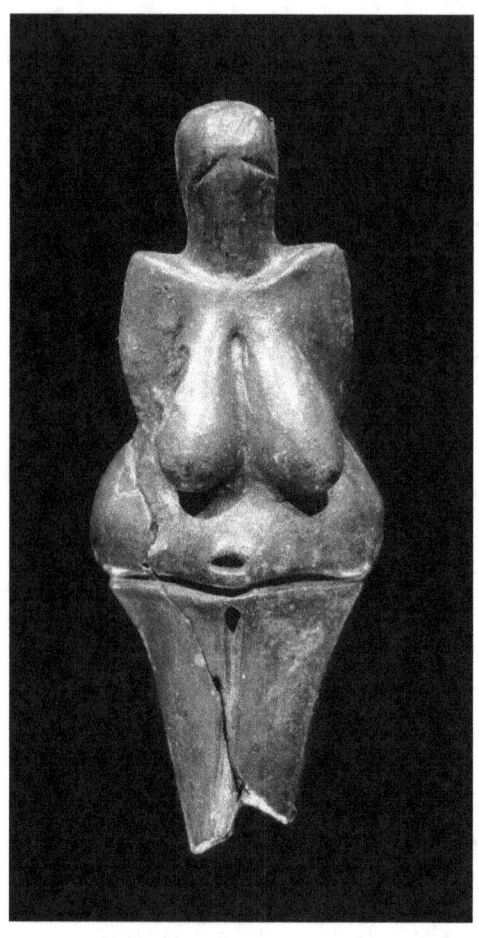

„Venus von Dolni Vestonice" (Tschechien).
Foto: Petr Novák, Wikipedia / CC-BY-2.5),
lizensiert unter Creative-Commons-Lizenz by-2.5-de,
https://creativecommons.org/licenses/by-sa/2.5/legalcode

„*Venus von Kostenki" in Russland.*
Foto: Thilo Parg / CC-BY-SA4.0 (via Wikimedia Commons),
lizensiert unter Creative-Commons-Lizenz by-sa-4.0,
https://creativecommons.org/licenses/by-sa/4.0/legalcode

Menschliche Handabdrücke in der Höhle von Gargas
bei Aventignan im französischen Département Hautes-Pyrénées.
Foto: Locutus Borg (via Wikimedia Commons),
Lizenz: gemeinfrei (Public domain)

Das Gravettien gilt in Deutschland nach dem Aurignacien als die zweitälteste Klingen-Industrie. Ein besonders typisches Feuersteinwerkzeug war die Gravette-Spitze, ein schmales, lamellenartiges spitzes Gerät mit abgestumpftem Rücken. Im Pavlovien Mährens fertigten Steinschläger bereits besonders kleine Steinwerkzeuge an, die Mikrolithen. Neben Werkzeugen aus Stein stellten die Gravettien-Leute auch solche aus Mammutelfenbein her. So fand man in einem der „Abris im Dorf" von Neuessing (Kreis Kelheim) in Bayern eine etwa einen halben Meter lange Elfenbeinschaufel. Ähnliche Funde sind aus Dolni Vestonice und Predmost in Mähren bekannt.

Im Gravettien waren Stoßlanzen und Wurfspeere aus Holz sowie Dolche aus Tierknochen vermutlich die einzigen Waffen. Den ältesten bekannten Bumerang fand man 1985 in der Oblazowa-Höhle in den Polnischen Karpaten.

Bisher wurde in Deutschland kein vollständig erhaltenes Skelett eines Menschen in einer Höhle. Halbhöhle (Abri) oder im Freiland entdeckt. Man kennt jedoch Funde außerhalb von Deutschland – wie in Dolni Vestonice –, die belegen, dass zu dieser Zeit Verstorbene komplett bestattet wurden. Verspeisen als Bestattungsart ist nicht nachgewiesen.

Die Religion der Gravettien-Leute spiegelt sich aber nicht nur in den Bestattungssitten wider. So kann man das bereits erwähnte, auf roter Erde liegende und auffällig geschmückte Mammut aus den Weinberghöhlen bei Mauern als ein Zeugnis für die Versöhnung mit dem getöteten Tier betrachten. Solche Versöhnungszeremonien gab es in historischer Zeit noch bei den Eskimos, die sich bei den getöteten Tieren entschuldigten. Ab dem Gravettien kam in Frankreich (Gargas) und in Italien (Pagliccihöhle) der Brauch auf, menschliche Handabdrücke in Farbe an den Wänden von Höhlen und Halbhöhlen zu

Französischer Prähistoriker Henri Breuil (1877–1961).
Foto: Marcel G. Lefrancq (1916–1974) / CC-BY-SA3.0
(via Wikimedia Commons),
lizensiert unter Creative-Commons-Lizenz by-sa-3.0-en,
https://creativecommons.org/licenses/by-sa/3.0/legalcode

verewigen. Negative Handabdrücke entstanden dabei durch Auftupfen von Farbe rund um die auf den Felsen gelegte Hand. Positive Handabdrücke dagegen fertigte man durch Aufdrücken der mit Farbe beschmierten Hand an. Derartige Handabdrücke mit schwarzer, roter oder schwarzbraun-ockerner Farbe fand man einzeln oder in Gruppen.

Vermutlich verweisen diese Handabdrücke auf Initiationsriten, bei denen die Jugendlichen feierlich in den Kreis der Erwachsenen aufgenommen wurden. Zu mancherlei Spekulationen geben vor allem jene Handabdrücke Anlass, bei denen Finger oder Fingerglieder fehlen. Dies führte zu der Annahme, ähnlich wie bei bestimmten afrikanischen, indianischen und australischen Naturvölkern seien aus rituellen Gründen Finger abgetrennt worden. Beispielsweise als Opfergabe für die Abwehr von Krankheit und Tod oder aus Trauer beim Tod eines Kindes, Gatten oder Häuptlings.

Die fehlenden Finger oder Fingerglieder lassen sich auch durch Erfrierungen in strengen Wintern, Krankheit oder Unglücksfälle erklären. Der französische Prähistoriker Henri Breuil (1877–1961) stellte fest, dass es sich meistens um Abdrücke der linken Hand handelte. Demnach hätte ein Rechtshänder die linke Hand auf die Höhlenwand gedrückt und mit der rechten Hand ummalt. Der Pariser Prähistoriker André Leroi-Gourhan (1911–1985) meinte, es seien lediglich die Handrücken mit bestimmten nach innen gebogenen Fingern an die Höhlenwand gelegt worden. Denkbar sei auch, dass ein Schamane die Handabdrücke bei Feierlichkeiten herstellte.

Manchmal ließen sich sogar Handabdrücke von zwei- bis dreijährigen Kindern beobachten. Die Kleinen sind – nach der Höhe der Abdrücke zu schließen – von Erwachsenen hochgehoben worden.

2004 entdeckter
„Phallus von Schelklingen"
aus der Höhle
Hohler Fels bei Schelklingen
(Alb-Donau-Kreis)
in Baden-Württemberg.
Der Fund ist
19,2 Zentimeter lang,
3,6 Zentimeter breit,
2,8 Zentimeter dick,
287 Gramm schwer
und besteht aus Siltstein.
Vermutlich handelt es sich
um ein Schlaginstrument.
Foto: Thilo Parg /
CC-BY-SA3.0
(via Wikimedia Commons),
lizensiert unter
Creative-Commons-Lizenz
by-sa-3.0,
https://creativecommons.org/
licenses/by-sa/3.0/legalcode

In deutschen Höhlen konnten bisher keine solchen Handabdrücke nachgewiesen werden. Entweder gab es in dem riesigen Verbreitungsgebiet des Gravettien von Russland bis nach Spanien regionale Unterschiede im Kult, oder solche Handabdrücke sind in Deutschland allesamt durch die Witterungsunbilden der letzten Eiszeit zerstört worden.

Die Funde von „Venusfiguren" in Mainz-Linsenberg lassen darauf schließen, dass die Gravettien-Leute in Deutschland denselben Fruchtbarkeitskult pflegten wie andere Zeitgenossen in dem unendlich weiten Gebiet zwischen Don und Atlantik.

Für die Gravettien-Leute stellten die „Venusfiguren" vielleicht bewegliche Heiligtümer dar. Man weiß jedoch nicht, wie sie mit diesen umgingen und was sie in ihnen erblickten. Nach der Fundlage der „Venusfiguren" von Mainz-Linsenberg und in den Weinberghöhlen von Mauern zu urteilen sind die Statuetten dort achtlos liegengelassen worden.

Sicher scheint jedoch zu sein, dass die „Venusfiguren" in Verbindung zur menschlichen Fruchtbarkeit standen. Womöglich spielten sie auch bei der Aufnahme von geschlechtsreifen Jugendlichen in den Kreis der Erwachsenen eine Rolle. Es ist auch denkbar, dass solche Figuren nur von Zauberern hergestellt und aufbewahrt werden durften.

In der Literatur findet man über die Dauer des Gravettien sehr unterschiedliche Angaben. Im Buch „Deutschland in der Steinzeit" (1991) von Ernst Probst beispielsweise begann diese Kulturstufe vor etwa 28.000 Jahren und endete vor rund 21.000 Jahren. Auch im „Lexikon für Biologie" von „Spektrum.de" setzt das Gravettien vor ca. 28.000 Jahren ein, dauert aber bis vor etwa 20.000 Jahren. Im Online-Lexikon „Wikipedia" wiederum währt es von rund 35.000 bis 24.000 Jahren.

Autor Ernst Probst,
Fotograf: Klaus Benz, Mainz-Laubenheim

Der Autor

Ernst Probst, geboren am 20. Januar 1946 in Neunburg vorm Wald im bayerischen Regierungsbezirk Oberpfalz, ist Journalist und Wissenschaftsautor. Er arbeitete von 1968 bis 1971 bei den „Nürnberger Nachrichten", von 1971 bis 1973 in der Zentralredaktion des „Ring Nordbayerischer Tageszeitungen" in Bayreuth und von 1973 bis 2001 bei der „Allgemeinen Zeitung", Mainz. In seiner Freizeit schrieb er Artikel für die „Frankfurter Allgemeine Zeitung", „Süddeutsche Zeitung", „Die Welt", „Frankfurter Rundschau", „Neue Zürcher Zeitung", „Tages-Anzeiger", Zürich, „Salzburger Nachrichten", „Die Zeit", „Rheinischer Merkur", „Deutsches Allgemeines Sonntagsblatt", „bild der wissenschaft", „kosmos", „Deutsche Presse-Agentur" (dpa), „Associated Press" (AP) und den „Deutschen Forschungsdienst" (df). Aus seiner Feder stammen die Bücher „Deutschland in der Urzeit" (1986), „Deutschland in der Steinzeit" (1991), „Rekorde der Urzeit" (1992), „Dinosaurier in Deutschland" (1993 zusammen mit Raymund Windolf) und „Deutschland in der Bronzezeit" (1996). Von 2001 bis 2006 betätigte sich Ernst Probst als Buchverleger sowie zeitweise als internationaler Fossilienhändler und Antiquitätenhändler. Insgesamt veröffentlichte er mehr als 400 Bücher, Taschenbücher, Broschüren und über 400 E-Books.

58

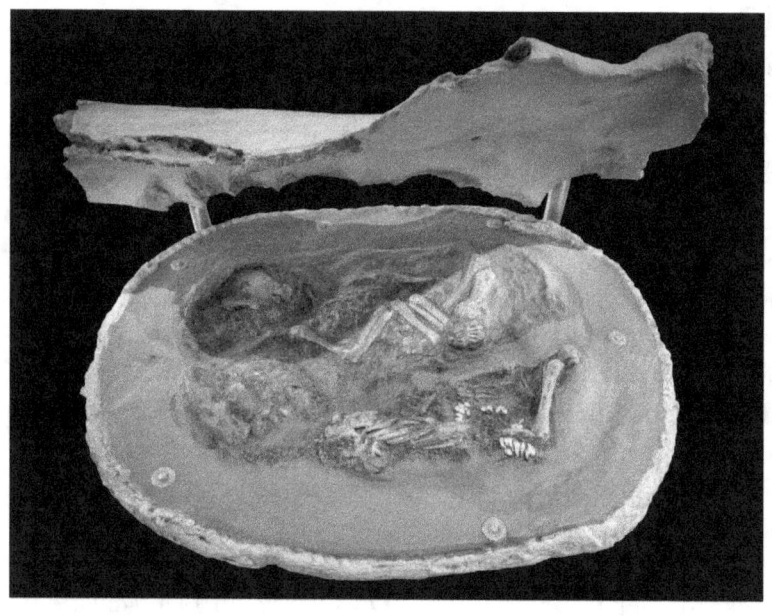

Replik der 2005 in Krems-Wachtberg (Niederösterreich) entdeckten,
mit einem Mammutschulterblatt bedeckten Säuglings-Doppelbestattung
(„Zwillinge von Krems") aus dem Gravettien
im „Naturhistorischen Museum Wien".
Foto: Thilo Parg / CC-BY-SA3.0 (via Wikimedia Commons)
lizensiert unter Creative-Commons-Lizenz by-sa-3.0,
https://creativecommons.org/licenses/by-sa/3.0/legalcode

Bücher von Ernst Probst

(Auswahl)

Als Mainz im Mer lag
Als Mainz noch nicht am Rhein lag
Christl-Marie Schultes. Die erste Fliegerin in Bayern
(zusammen mit Theo Lederer)
Der Europäische Jaguar
Der Mosbacher Löwe. Die riesige Raubkatze aus
Wiesbaden
Der Rhein-Elefant. Das Schreckenstier von Eppelsheim
Der Schwarze Peter. Ein Räuber im Hunsrück und
Odenwald
Der Ur-Rhein. Rheinhessen vor zehn Millionen Jahren
Deutschland im Eiszeitalter
Deutschland in der Frühbronzezeit
Deutschland in der Mittelbronzezeit
Deutschland in der Spätbronzezeit
Die Aunjetitzer Kultur in Deutschland
Die Straubinger Kultur in Deutschland
Die Singener Gruppe
Die Arbon-Kultur in Deutschland
Die Ries-Gruppe und die Neckar-Gruppe
Die Adlerberg-Kultur
Der Sögel-Wohlde-Kreis
Die nordische Bronzezeit in Deutschland
Die Hügelgräber-Kultur in Deutschland
Die ältere Bronzezeit in Nordrhein-Westfalen
Die Bronzezeit in der Lüneburger Heide

Die Stader Gruppe
Die Oldenburg-emsländische Gruppe
Die Urnenfelder-Kultur in Deutschland
Die ältere Niederrheinische Grabhügel-Kultur
Die Unstrut-Gruppe
Die Helmsdorfer Gruppe
Die Saalemündungs-Gruppe
Die Lausitzer Kultur in Deutschland
Die Dolchzahnkatze Megantereon
Die Dolchzahnkatze Smilodon
Die Säbelzahnkatze Homotherium
Die Säbelzahnkatze Machairodus
Die Schweiz in der Frühbronzezeit
Die Rhône-Kultur in der Westschweiz
Die Arbon-Kultur in der Schweiz
Die Schweiz in der Mittelbronzezeit
Die Schweiz in der Spätbronzezeit
Dinosaurier von A bis K. Von Abelisaurus bis zu
Kritosaurus
Dinosaurier von L bis Z. Von Labocania bis zu
Zupaysaurus
Der rätselhafte Spinosaurus. Leben und Werk des Forschers
Ernst Stromer von Reichenbach
Eiszeitliche Geparde in Deutschland
Eiszeitliche Leoparden in Deutschland
Frauen im Weltall
Hildegard von Bingen. Die deutsche Prophetin
Höhlenlöwen. Raubkatzen im Eiszeitalter
Julchen Blasius. Die Räuberbraut des Schinderhannes
Johann Jakob Kaup. Der große Naturforscher aus
Darmstadt

Königinnen der Lüfte
Königinnen der Lüfte in Deutschland
Königinnen der Lüfte in Europa
Königinnen der Lüfte in Frankreich
Königinnen der Lüfte in England und Australien
Königinnen der Lüfte in Amerika
Königinnen der Lüfte von A bis Z
Königinnen des Tanzes
Malende Superfrauen
Meine Worte sind wie die Sterne Die Entstehung der Rede
des Häuptlings Seattle (zusammen mit Sonja Probst,
verheiratete Werner)
Monstern auf der Spur. Wie die Sagen über Drachen,
Riesen
und Einhörner entstanden
Neues vom Ur-Rhein. Interview mit dem Geologen und
Paläontologen Dr. Jens Sommer
Österreich in der Frühbronzezeit
Österreich in der Mittelbronzezeit
Österreich in der Spätbronzezeit
Pompadour und Dubarry. Die Mätressen von Louis XV.
Raub-Dinosaurier von A bis Z. Mit Zeichnungen von
Dmitry Bogdanav und Nobu Tamura
Rekorde der Urmenschen. Erfindungen, Kunst und
Religion
Rekorde der Urzeit. Landschaften, Pflanzen und Tiere
Säbelzahnkatzen. Von Machairodus bis zu Smilodon
Säbelzahntiger am Ur-Rhein. Machairodus und
Paramachairodus
Superfrauen aus dem Wilden Westen
Superfrauen 1 – Geschichte

Superfrauen 2 – Religion
Superfrauen 3 – Politik
Superfrauen 4 – Wirtschaft und Verkehr
Superfrauen 5 – Wissenschaft
Superfrauen 6 – Medizin
Superfrauen 7 – Film und Theater
Superfrauen 8 – Literatur
Superfrauen 9 – Malerei und Fotografie
Superfrauen 10 – Musik und Tanz
Superfrauen 11 – Feminismus und Familie
Superfrauen 12 – Sport
Superfrauen 13 – Mode und Kosmetik
Superfrauen 14 – Medien und Astrologie
Tony und Bruno Werntgen. Zwei Leben für die Luftfahrt
(zusammen mit Paul Wirtz)
Was ist ein Menhir? Interview mit dem Mainzer
Archäologen
Dr. Detert Zylmann
Wer ist der kleinste Dinosaurier? Interviews mit dem
Wissenschaftsautor Ernst Probst
Wer war der Stammvater der Insekten? Interview mit dem
Stuttgarter Biologen und Paläontologen Dr. Günther Bechl
6000 Jahre Kastel. Von der Steinzeit bis zum
21. Jahrhundert
Adolphus Busch. Das Leben des Bier-Königs
5000 Jahre Kostheim. Von der Steinzeit
bis zum 21. Jahrhundert
Kanuten-König Christel Brandbeck. Das Leben
des Wassersportlers aus Mainz-Kastel
Felicitas von Berberich. Die große Wohltäterin
von Kostheim

Die Altsteinzeit in Österreich. Jäger und Sammler vor
250.000 bis 10.000 Jahren

Das Jungacheuléen in Österreich

Das Moustérien in Österreich

Das Aurignacien in Österreich

Das Gravettien in Österreich

Das Magdalénien in Österreich

Die Mittelsteinzeit

Deutschland in der Mittelsteinzeit

Die Mittelsteinzeit in Baden-Württemberg

Die Mittelsteinzeit in Bayern

Die Mittelsteinzeit in Rheinland-Pfalz

Die Mittelsteinzeit in Hessen

Die Mittelsteinzeit in Nordrhein-Westfalen

Die Mittelsteinzeit in Niedersachsen

die Mittelsteinzeit in Thüringen, Sachsen-Anhalt, Sachsen
und im südlichen Brandenburg

Die Mittelsteinzeit in Schleswig-Holstein, Mecklenburg und
im nördlichen Brandenburtg

Die Jungsteinzeit. Eine Periode der Steinzeit vor etwa 5.500
bis 2.300 v. Chr.

Die ersten Bauern in Deutschland. Die
Linienbandkeramische Kultur (5.500 bis 4.900 v. Chr.)

Die Ertebölle-Ellerbek-Kultur. Eine Kultur der
Jungsteinzeit vor etwa 5.000 bis 4.300 v. Chr.

Die Stichbandkeramische Kultur Eine Kultur der
Jungsteinzeit vor etwa 4.900 bis 4.500 v. Chr.

Die Oberlauterbacher Gruppe. Eine Kulturstufe der
Jungsteinzeit vor etwa 4.900 bis 4.500 v. Chr.

Die Hinkelstein-Gruppe. Eine Kulturstufe der
Jungsteinzeit vor etwa 4.900 bis 4.800 v. Chr.

Die Rössener Kultur. Eine Kultur der Jungsteinzeit vor

etwa 4.600 bis 4.300 v. Chr.

Die Kupferzeit. Wie die ersten Metalle in Mitteleuropa bekannt wurden

Die Michelsberger Kultur. Eine Kultur der Jungsteinzeit vor etwa 4.300 bis 3.500 v. Chr.

Das Rätsel der Großsteingräber. Die nordwestdeutsche Trichterbecher-Kultur vor etwa 4.300 bis 3.000 v. Chr.

Die Baalberger Kultur. Eine Kultur der Jungsteinzeit vor etwa 4.300 bis 3.700 v. Chr.

Pfahlbauten in Süddeutschland. Dörfer der Jungsteinzeit und Bronzezeit an Seen, Mooren und Flüssen

Die Altheimer Kultur / Die Pollinger Gruppe. Zwei Kulturen der Jungsteinzeit vor etwa 3.900 bis 3.500 v. Chr.

Die Salzmünder Kultur. Eine Kultur der Jungsteinzeit vor etwa 3.700 bis 3.200 v. Chr.

Die Chamer Gruppe. Eine Kulturstufe der Jungsteinzeit vor etwa 3.500 bis 2.800 v. Chr.

Die Wartberg-Kultur. Eine Kultur der Jungsteinzeit vor etwa 3.500 bis 2.800 v. Chr.

Die Walternienburg-Bernburger Kultur. Eine Kultur der Jungsteinzeit vor etwa 3.200 bis 2.800 v. Chr.

Die Kugelamphoren-Kultur. Eine Kultur der Jungsteinzeit vor etwa 3.100 bis 2.700 v. Chr.

Die Schnurkeramischen Kulturen. Kulturen der Jungsteinzeit von etwa 2.800 bis 2.400 v. Chr.

Die Einzelgrab-Kultur. Eine Kultur der Jungsteinzeit vor etwa 2.800 bis 2.300 v. Chr.

Die Schönfelder Kultur. Eine Kultur der Jungsteinzeit vor etwa 2.800 bis 2.200 v. Chr.

Die Glockenbecher-Kultur. Eine Kultur der Jungsteinzeit vor etwa 2.500 bis 2.200 v. Chr.

Die ersten Bauern in Österreich. Die Linienband-
keramische Kultur vor etwa 5.500 bis 4.900 v. Chr.
Die Lengyel-Kultur in Österreich. Eine Kultur der
Jungsteinzeit vor etwa 4.900 bis 4.400 v. Chr.
Die Mondsee-Gruppe. Eine Kulturstufe der Jungsteinzeit
vor etwa 3.700 bis 2.900 v. Chr.
Die Badener Kultur in Österreich. Eine Kultur der
Jungsteinzeit vor etwa 3.600 bis 2.900 v. Chr.
Die ersten Pfahlbauten in der Schweiz. Die Anfänge der
Pfahlbauforschung und die Egolzwiler Kultur
Die Cortaillod-Kultur. Eine Kultur der Jungsteinzeit vor
etwa 4.000 bis 3.500 v. Chr.
Die Pfyner Kultur in der Schweiz. Eine Kultur der
Jungsteinzeit vor etwa 4.000 bis 3.500 v. Chr.
Die Horgener Kultur in der Schweiz. Eine Kultur der
Jungsteinzeit vor etwa 3.500 bis 2.800 v. Chr.
Die Schnurkeramiker in der Schweiz. Eine Kultur der
Jungsteinzeit vor etwa 2.800 bis 2.400 v. Chr.